Sitzungsberichte
der Akademie der Wissenschaften
der DDR
Mathematik – Naturwissenschaften – Technik

1 N

1987

Helmut Koch

Codes, Gitter, quadratische Formen

AKADEMIE-VERLAG BERLIN

Sitzungsberichte
der Akademie der Wissenschaften
der DDR
Mathematik – Naturwissenschaften – Technik

Jahrgang 1987 · Nr. 1/N

Helmut Koch

Codes, Gitter, quadratische Formen

AKADEMIE-VERLAG BERLIN
1987

Vortrag von Helmut Koch, Korrespondierendes
Mitglied der Akademie der Wissenschaften der DDR,
gehalten im Plenum der AdW der DDR am 27. Februar 1986

Herausgegeben im Auftrage
des Präsidenten der Akademie
der Wissenschaften der DDR
von Vizepräsident Prof. Dr. Heinz Stiller

ISBN 3-05-500380-2
ISSN 0138-3965
Erschienen im Akademie-Verlag Berlin, DDR-1086 Berlin, Leipziger Str. 3-4

Lizenznummer: 202 · 100/364/87
Printed in the German Democratic Republic
Gesamtherstellung: VEB Druckhaus Köthen
LSV 1075
Bestellnummer: 763 7308 (2010/87/1/N)
00300

Der Gegenstand der Mathematik hat sich im zwanzigsten Jahrhundert von dem Studium der Beziehungen zwischen Zahlen und geometrischen Figuren erweitert zur Untersuchung der Beziehungen zwischen Objekten sehr abstrakter Natur. Welche Beziehungen untersucht werden, ergibt sich einerseits aus Anregungen und Bedürfnissen anderer Wissenschaften, wobei von alters her die Physik und neuerdings die Informatik im Vordergrund stehen, sowie andererseits aus innermathematischen Bedürfnissen. Mehr als andere Wissenschaften hat die Mathematik eine weitgehend von der natürlichen Sprache entfernte Fachsprache entwickelt, deren zumindestens teilweise Kenntnis Voraussetzung für die Mitteilbarkeit von mathematischen Inhalten ist. Dies bedeutet, daß es besonders schwierig ist, vor einem so breiten Gremium, win es das Plenum unserer Akademie darstellt, über ein Thema der reinen Mathematik zu sprechen.

Das Thema, über das ich im folgenden sprechen möchte, die Kodierungstheorie, liegt denn auch am Rande der reinen Mathematik und am Rande meines engeren Forschungsgebiets, der Algebra und Zahlentheorie. Die Kodierungstheorie hat jedoch in den letzten Jahren eine wachsende Rolle in unserer Forschungsgruppe gespielt. Dies hat mehrere Gründe:

1. Die Kodierungstheorie ist ein Spezialgebiet der Informatik. Mit dem Anwachsen der Bedeutung der Informatik in allen entwickelten Industriegesellschaften wächst auch die Bedeutung der Kodierungstheorie.

2. Mehr als jedes andere Spezialgebiet der Informatik führt die Kodierungstheorie sehr schnell auf Fragen der Algebra und Zahlentheorie. Warum dies so ist, wird im folgenden noch zu erklären sein.

3. Soweit es um die Anwendung tiefliegender Ergebnisse der Zahlentheorie geht, kann unsere Forschungsgruppe in Anspruch nehmen, zusammen mit sowjetischen Kollegen, mit denen wir im engen Kontakt stehen, zu den Pionieren dieser Disziplin zu gehören.

Mein Vortrag wird aus drei Teilen bestehen. Im ersten Teil werde ich eine Einführung in die Grundbegriffe und Aufgabenstellung der Kodierungstheorie geben. Im zweiten Teil spreche ich über die Ergebnisse unseres Mitarbeiters Dr. sc. Th. Zink zur Konstruktion besonders guter Codes, wofür er zusammen mit zwei sowjetischen Kollegen den Jahrespreis 1983 für die beste Arbeit von der internationalen Gesellschaft der Elektro- und Elektronik-Ingenieure (IEEE) erhalten hat. Im dritten Teil werde ich über binäre Codes und ihre Beziehung zur Gittertheorie und zur Theorie der quadratischen Formen sprechen.

I. Grundbegriffe und Aufgabenstellung der Kodierungs-Theorie

Zunächst möchte ich bemerken, daß Kodierungstheorie nichts zu tun hat mit der Konstruktion und Dechiffrierung von Geheimcodes. Die Disziplin, die sich mit diesen Aufgaben befaßt, wird als Kryptologie bezeichnet. Bei der Kodierungstheorie geht es um fehlerentdeckende und fehlerkorrigierende Codes für die Informationsübertragung.

Das einfachste Beispiel einer fehlerentdeckenden Codes ist der *parity test*. Nehmen wir an, die zu übertragende Information ist durch Folgen von jeweils vier Einheiten gegeben, in denen Nullen oder Einsen stehen. Zum Beispiel

$$\begin{matrix} 0 & 1 & 0 & 0 \\ 1 & 1 & 0 & 0 \\ 0 & 1 & 0 & 1 \\ & \vdots & & \end{matrix}$$

Bei der Übertragung dieser Information können sich Fehler ergeben. Um diese unter Kontrolle zu bringen, wendet man den parity test an. Er besteht darin, in jeder Zeile eine 1 oder 0 hinzuzufügen, so daß danach die Anzahl der Einsen gerade ist. Dabei ergibt sich also in unserem Beispiel

$$\begin{matrix} 0 & 1 & 0 & 0 & 1 \\ 1 & 1 & 0 & 0 & 0 \\ 0 & 1 & 0 & 1 & 0 \\ & & \vdots & & \end{matrix}$$

Sei nun

$$\begin{matrix} 0 & 1 & 0 & 0 & 1 \\ 1 & 1 & 1 & 0 & 0 \\ 1 & 1 & 0 & 1 & 1 \\ & & \vdots & & \end{matrix}$$

die übertragene Information. Die erste Zeile wurde richtig übertragen. Bei der Übertragung der zweiten Zeile wurde ein Fehler gemacht. Dies ist daran erkennbar, daß die Anzahl der Einsen ungerade nämlich gleich 3 ist. Der Prozeß der Informationsübertragung wird gestoppt und die Übertragung der Zeile wiederholt. Bei der dritten Zeile wurden zwei Fehler gemacht. Die Anzahl der Einsen ist gerade. In diesem Fall nutzt der parity test nichts. Er ist nur brauchbar, wenn man annehmen kann, daß in jeder Zeile höchstens ein Fehler gemacht wird. Man sagt, er entdeckt *einen* Fehler.

Interessanter sind Codes, die in der Lage sind, Fehler zu korrigieren. Ein Code dieser Art ist uns allen wohl bekannt, die menschliche Sprache. Beim Anhören eines fehlerhaften Textes sind wir in der Lage, solange die Fehlerzahl gering ist, den richtigen Text simultan zu rekonstruieren. Bei einem schriftlichen Text geschieht die Korrektur oft genug so, daß wir uns ihrer nicht bewußt werden. Der Code, der durch die menschliche Sprache gegeben ist, ist natürlich viel zu kompliziert, um Gegenstand der Kodierungstheorie zu sein.

Jedem von Ihnen werden andere Codes, zum Beispiel aus der Biologie, bekannt sein, die man hier anführen könnte. Ich möchte jedoch, ehe ich zur formalen und übrigens sehr einfachen Definition eines Codes komme, noch ein Paradebeispiel angeben, bei dem die Verwendung eines fehlerkorrigierenden Codes von entscheidender Bedeutung ist: Wenn ein Satellit Informationen zur Erde funkt, ist damit zu rechnen, daß die Signale teilweise entstellt ankommen. Damit wir trotzdem die volle Information erhalten, muß die Information so kodiert werden, daß eine Korrektur möglich ist. Bei der Wahl des Codes ist einerseits zu beachten, daß dieser so kompliziert ist, daß er eine genügende Anzahl von Fehlern korrigiert und daß er andererseits nicht so kompliziert ist, daß die im Satelliten vorhandenen Speichermöglichkeiten und Energie nicht ausreichen, um die Information zur Erde zu funken. Bei diesem Beispiel kommt es also entscheidend darauf an, einen guten Code zur Verfügung zu haben.

Wir kommen jetzt zur *Definition eines Codes*. Ein Code ist gegeben:

1. durch ein „*Alphabet*" A, das ist eine endliche Menge von Objekten, z.B. die Buchstaben des lateinischen Alphabets oder alle Zahlen von 1 bis zu einer fixierten Zahl m. Das wichtigste Alphabet für die Kodierungstheorie ist das einfachste nicht triviale: $A = \{0, 1\}$.

2. Aus den Buchstaben werden „*Worte*" zusammengesetzt, d.h. Folgen von Elementen aus A. Wenn es sich um Folgen fester Länge n handelt: $(\lambda_1, \ldots, \lambda_n)$, $\lambda_1, \ldots, \lambda_n \in A$, so bezeichnet man die Gesamtheit dieser Folgen mit A^n. Diese Gesamtheit heißt *Grundraum des Codes*. Zum Beispiel besteht der Grundraum im Falle $A = \{0, 1\}$, $n = 3$, aus den acht Worten

$$(0, 0, 0),\ (0, 0, 1),\ (0, 1, 0),\ (1, 0, 0),\ (0, 1, 1),\ (1, 0, 1),\ (1, 1, 0),\ (1, 1, 1).$$

3. Der eigentliche Code ist nun eine Teilmenge C von A^n. Die Elemente von C heißen *Codeworte*, n heißt die *Länge des Codes*.

Die Güte eines Codes wird durch drei Zahlen gegeben:

A) Die Länge des Codes C.

B) Die Anzahl $|C|$ der Elemente in C.

C) Der Minimalabstand d voneinander verschiedener Codeworte. Für $a, b \in A^n$ definieren wir den Abstand $d(a, b)$ folgendermaßen. Sei $a = (\alpha_1, \ldots, \alpha_n)$, $b = (\beta_1, \ldots, \beta_n)$.

Dann ist $d(a, b)$ gleich der Anzahl der Indizes i mit $\alpha_i \neq \beta_i$. Schließlich ist der Minimalabstand d das Minimum aller $d(c_1, c_2)$ für $c_1 \neq c_2$, $c_1, c_2 \in C$.

Der folgende Satz ist leicht zu beweisen.

Satz: Ein Code mit dem Minimalabstand d entdeckt d-1 Fehler und korrigiert $\left[\frac{d-1}{2}\right]$ Fehler. Dabei ist

$$\left[\frac{d-1}{2}\right] = \begin{cases} \frac{d-1}{2} & \text{für } d \text{ ungerade} \\ \frac{d-2}{2} & \text{für } d \text{ gerade.} \end{cases}$$

Der Prozeß der Korrektur der übertragenen Information heißt Dekodierung. Neben den angegebenen drei Größen n, $|C|$ und d spielt bei der Einschätzung der Brauchbarkeit eines Codes die Geschwindigkeit der Dekodierung eine wesentliche Rolle.

Damit ist die Aufgabenstellung der Kodierungstheorie formuliert, ohne daß bisher von Mathematik die Rede war. Mathematische Inhalte erscheinen, 1. weil zur Beschreibung von handhabbaren Codes zusätzliche Strukturen eingeführt werden müssen und 2. weil ein guter Code so symmetrisch wie möglich in seinem Umgebungsraum Λ^n liegen muß, und Symmetrie ist ein wesentlicher Gegenstand der Mathematik.

Um einen Eindruck hiervon zu geben, möchte ich jetzt eine unendliche Serie von Codes, die quadratischen Rest-Codes, konstruieren, die den berühmtesten Code, den Golay-Code, enthält: Als Alphabet wählen wir $\Lambda = \{0, 1\}$. In Λ führen wir eine Addition und Multiplikation entsprechend den folgenden Tabellen ein:

+	0	1
0	0	1
1	1	0

×	0	1
0	0	0
1	0	1

Dies entspricht der Addition und Multiplikation von geraden und ungeraden Zahlen (0 steht für gerade, 1 für ungerade). Die Addition überträgt sich sogleich auf den Umgebungsraum Λ^n. Wir addieren komponentenweise. Zum Beispiel wird im Falle $n = 3$

$$(0, 1, 0) + (1, 1, 0) = (1, 0, 0).$$

Ein Code $C \subset \Lambda^n$ heißt linear, wenn er abgeschlossen bzw. der Addition ist. Praktisch spielen nur lineare Codes eine Rolle. Zur Bestimmung eines solchen Codes genügt es Worte in C anzugeben, aus denen sich alle anderen Codeworte durch Addition zusammensetzen.

In unserem Fall muß n eine Primzahl sein, die bei Division durch 8 den Rest 7 läßt. Die kleinsten Primzahlen dieser Art sind 7, 23, 31, 71. Nach dem berühmten Satz über Primzahlen in arithmetischen Progressionen von P. G. Lejeune Dirichlet aus dem Jahre 1840 gibt es unendlich viele solche Primzahlen. Für jedes solcher n geben wir einen Code an, den wir mit C_n bezeichnen: C_n wird erzeugt durch die Worte

$$w(s) = (w_1(s), \ldots, w_n(s)) \qquad \text{für } s = 0, 1, \ldots, \frac{n-1}{2},$$

wobei $w(0)$ gegeben ist durch

$$w_i(0) = \begin{cases} 1 \text{ für } i \equiv x^2 \pmod n \text{ mit einer natürlichen Zahl } x, \\ \qquad\qquad 1 \leq x \leq (n-1)/2, \\ 0 \text{ sonst.} \end{cases}$$

($a \equiv b \pmod n$ für ganze Zahlen a, b bedeutet: $a - b$ ist durch n teilbar.)
$w(s + 1)$ entsteht aus $w(s)$ durch zyklische Verschiebung der Komponenten:

$$w(s+1) = (w_2(s), w_3(s), \ldots, w_n(s), w_1(s)), \qquad s = 0, 1, \ldots, \frac{n-3}{2}.$$

Für $n = 23$ erhält man den Golay-Code. Sein Minimalabstand ist gleich 7, d.h. er korrigiert 3 Fehler.

II. Abschätzungen für die Güte von Codes

Im folgenden schätzen wir die Güte eines Codes $C \subset A^n$ durch zwei Parameter ab:

$$R(C) = \frac{\log_q |C|}{n}, \qquad \delta(C) = \frac{d(C)}{n}.$$

Dabei ist $q = |A|$ die Anzahl der Elemente des Alphabets A und $d(C) = d$ der Minimalabstand von C. Der q-Logarithmus $\log_q |C|$ ist die richtige Vergleichsgröße zur Länge n des Codes, da die Anzahl der Elemente in A^n gleich q^n ist.

Wir tragen $\delta(C)$, $R(C)$ als Punkt in ein Diagramm ein:

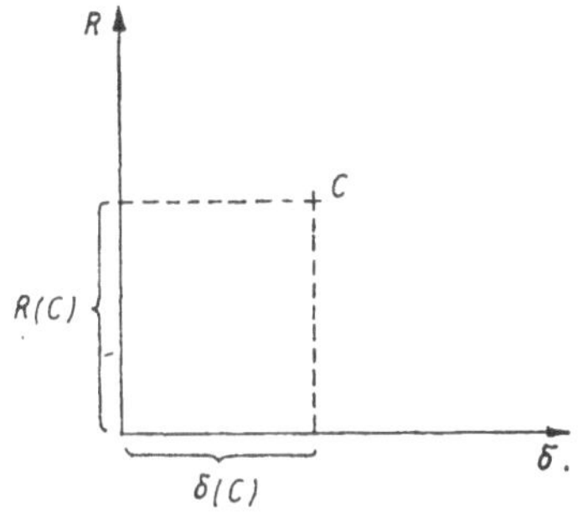

Nach Definition sind die Größen $R(C)$ und $\delta(C)$ kleiner oder gleich 1. Die folgenden Diagramme zeigen die Verteilung der Codes für festes q. Im ersten Diagramm haben wir den Fall $q = 2$ und im zweiten Diagramm den Fall $q = 49$ dargestellt. Das schraffierte Gebiet, das im zweiten Diagramm weggelassen ist, ist dadurch ausgezeichnet, daß in ihm die Codes dicht liegen. Im übrigen Gebiet liegen einzelne Codes. Für wachsende Code-Länge n nähern sich diese Codes dem schraffierten Gebiet. Das Hauptinteresse besteht darin, die Grenze zwischen dem schraffierten und unschraffierten Gebiet abzuschätzen. In ihrer Nähe liegen die besten Codes für sehr große n. Die gerade Linie heißt *Plotkin-Schranke* und stellt eine obere Schranke für das schraffierte Gebiet dar. Die gestrichelte Linie ist eine untere Schranke für das schraffierte Gebiet. Lange Zeit vermutete man, daß diese *Varsamov-Gilbert-Schranke* den Rand des schraffierten Gebietes darstellt, d.h. nicht verbessert werden kann. Daher war es eine echte Sensation, daß Tsfasman, Vladut und Zink eine bessere Schranke angeben konnten (punktierte Gerade). Besser ist sie allerdings nur für gewisse Werte von δ und für $q \geq 49$.

Die Ableitung der Varšamov-Gilbert-Schranke ist elementar. Die Ableitung der *Tsfasman-Vladut-Zink-Schranke* beruht dagegen auf der Anwendung neuer, tiefliegender Ergebnisse der algebraischen Zahlentheorie.

Soviel zur Abschätzung der Güte von Codes.

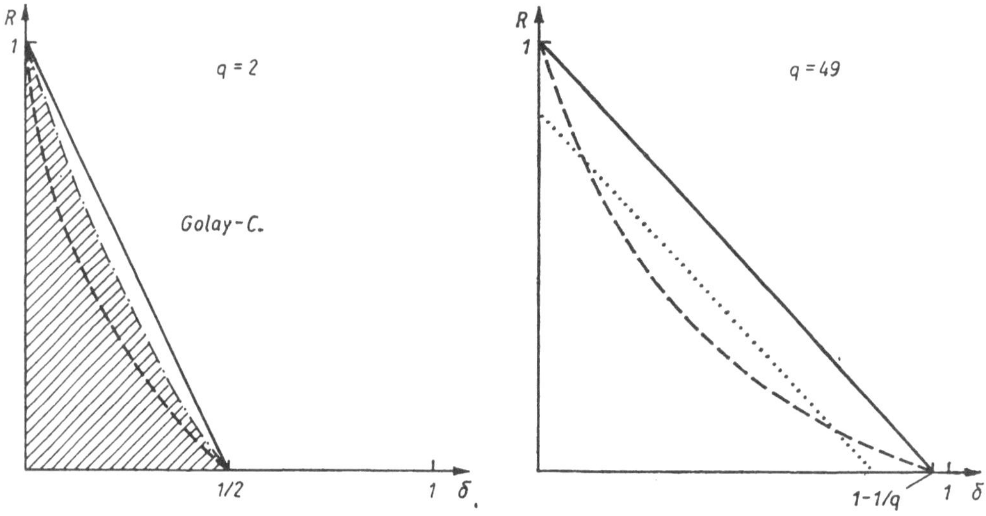

———— Plotkin-Schranke

– – – – – Varšamov-Gilbert-Schranke

$$R(\delta) = \max\left\{1 - \delta \log_q \frac{q-1}{\delta} + (1-\delta)\log_q (1-\delta), 0\right\}$$

·············· Tsfasman-Vladut-Zink-Schranke

$$R(\delta) = \max\left\{1 - \frac{1}{\sqrt{q}-1} - \delta, 0\right\}$$

Im folgenden beschränken wir uns auf die in der Praxis hauptsächlich verwendeten binären linearen Codes. Das heißt unser Alphabet besteht aus 0 und 1 und mit zwei Codeworten c_1, c_2 liegt auch deren Summe $c_1 + c_2$ im Code. Wir wollen zeigen, daß man in diesem Fall die Kodierungstheorie als Untertheorie der Theorie der ganzzahligen Gitter auffassen kann. Während die Kodierungstheorie erst in den vierziger Jahren als Teilgebiete der Informationstheorie entstanden ist, sieht die Gittertheorie auf eine sehr lange Geschichte zurück. Sie ist eng verknüpft mit der Theorie der quadratischen Formen sowie mit Teilen der Analysis und Zahlentheorie. Indem wir die Kodierungstheorie als Untertheorie der Theorie der ganzzahligen Gitter betrachten, wird es möglich, tiefliegende Ergebnisse der letzteren auf die Kodierungstheorie anzuwenden.

Wir betrachten zunächst den Fall der euklidischen Ebene

$$R^2 = \{(x, y) | x, y \in R\},$$

realisiert als Menge der Paare reeller Zahlen mit Hilfe eines Cartesischen Koordinatensystems. Für zwei Punkte $p_1 = (x_1, y_1)$, $p_2 = (x_2, y_2)$ ist das *Skalarprodukt* durch

$$\langle p_1, p_2 \rangle = x_1 x_2 + y_1 y_2$$

gegeben. Ein Gitter G in der euklidischen Ebene ist die Gesamtheit der Punkte $\lambda_1 p_1 + \lambda_2 p_2$ mit ganzen Koeffizienten λ_1, λ_2. Das Gitter heißt ganz, wenn alle Skalarprodukte ganz sind.

Andererseits betrachten wir quadratische Formen

$$F(\lambda_1, \lambda_2) = \lambda_1^2 a_1 + 2\lambda_1 \lambda_2 a_2 + \lambda_2^2 a_3,$$

d.h. quadratische Polynome in λ_1 und λ_2. $F(\lambda_1, \lambda_2)$ heißt ganzzahlig, wenn a_1, a_2, a_3 ganze Zahlen sind.

Unserem Gitter G ist die quadratische Form

$$F(\lambda_1, \lambda_2) = \rangle \lambda_1 p_1 + \lambda_2 p_2, \lambda_1 p_1 + \lambda_2 p_2 \rangle = \lambda_1^2 \langle p_1, p_1 \rangle + 2\lambda_1 \lambda_2 \langle p_1, p_2 \rangle + + \lambda_2^2 \rangle p_2, p_2 \rangle$$

zugeordnet.

Die Theorie der ganzzahligen quadratischen Formen hat sich aus Vermutungen über Diophantische Gleichungen entwickelt, die von Pierre de Fermat im 17. Jahrhundert aufgestellt wurden. Eine dieser Vermutungen besagt, daß die Gleichung

$$x^2 + y^2 = p$$

für eine Primzahl p dann und nur dann eine Lösung in ganzen Zahlen x, y hat, wenn $p = 2$ ist oder $p - 1$ durch 4 teilbar ist, z.B.

$$2 = 1^2 + 1^2,\ 5 = 1^2 + 2^2,\ 13 = 2^2 + 3^2,\ 17 = 1^2 + 4^2,\ 29 = 2^2 + 5^2.$$

Es dauerte 100 Jahre bis diese Vermutung von Euler bewiesen wurde. Lagrange und Gauß entwickelten Eulers Ergebnisse weiter zu einer systematischen Theorie der ganzzahligen quadratischen Formen, die eine wichtige Etappe in der Entwicklung von

Algebra und Zahlentheorie darstellt. Übrigens folgte Lagrange Euler nicht nur in der Theorie der quadratischen Formen, sondern auch auf seinem Platz in unserer Akademie als Euler 1766 von Berlin nach Petersburg zurückkehrte.

Wir kehren zur Gegenwart und zur Kodierungstheorie zurück und kommen jetzt zum Zusammenhang zwischen Gittern und Codes. Die Theorie wird erst interessant sowohl vom Standpunkt der Anwendungen als auch der reinen Mathematik, wenn wir uns auf Codes mit gewissen guten Eigenschaften beschränken. Wir betrachten Codes C mit folgenden Eigenschaften:

A) $C \subset \{0, 1\}^n$ linear.

B) C doppelt-gerade: 4 teilt $d(c_1, c_2)$ für alle $c_1, c_2 \in C$.

C) C selbst-dual: $|C| = 2^{n/2}$.

Aus **A**) und **B**) folgt $|C| \leq 2^{n/2}$. **C**) bedeutet also, daß C maximal gewählt wird. Die Eigenschaft **C**) sichert eine schnelle Dekodierung. Sie setzt natürlich voraus, daß n gerade ist. Tatsächlich kann man zeigen, daß für einen Code mit **A**)–**C**) die Zahl n sogar durch 8 teilbar ist. Ein Code mit den Eigenschaften **A**)–**C**) wird als *Code vom Typ II* bezeichnet.

Beispiele für derartige Codes erhält man aus den oben betrachteten quadratischen Rest-Codes C_p, indem man zu jedem Codewort den parity test hinzufügt. Man erhält so einen Code $\tilde{C}_p$ der Länge $p + 1$, der als *erweiterter quadratischer Rest-Code* bezeichnet wird.

Wir ordnen nun einem Code C vom Typ II ein Gitter im n-dimensionalen euklidischen Raum R^n zu. Dabei gehen wir von einem „Standartgitter" G_0 aus, das von einer Basis $p_1, \ldots, p_n$ von R^n mit $\langle p_i, p_i \rangle = 2$ und $\langle p_i, p_j \rangle = 0$ für $i, j = 1, \ldots, n;\ i \neq j$, erzeugt wird. Zu G_0 fügen wir weitere Gitterpunkte $q(c)$ hinzu, die sich aus den Worten c von C ergeben:

$$g(c) = \frac{1}{2} (\gamma_1 p_1 + \ldots + \gamma_n p_n), \quad c = (\gamma_1, \ldots, \gamma_n).$$

Das von G_0 und den Punkten $g(c)$ für $c \in C$ erzeugte Gitter $G(C)$ hat sehr gute Eigenschaften. Es ist gerade und unimodular. Die für $G(C)$ entsprechend der Gittertheorie geltenden Sätze lassen sich auf C übertragen. Auf diese Weise erhält man Ergebnisse über Codes, die sich bisher im Rahmen der Kodierungstheorie nicht ableiten lassen.

In der folgenden Tabelle ist der gegenwärtige Kenntnisstand der Theorie bezüglich der Existenz von Gittern und Codes der hier betrachteten Art wiedergegeben.

In der ersten Spalte stehen die Dimensionen der Gitter bzw. die Längen der Codes. In der zweiten Spalte steht die Anzahl der Gitter (genauer die Anzahl der Klassen äquivalenter Gitter), die gerade und unimodular sind. Für $n \geq 32$ ist diese Anzahl ungeheuer groß und unbekannt. In der dritten Spalte steht die Anzahl der Codes (genauer die Anzahl der Klassen äquivalenter Codes), die doppeltgerade und selbstdual sind. Für $n \geq 40$ ist die Anzahl der Codes wieder so groß, daß eine Klassifikation ausgeschlossen und im übrigen auch uninteressant ist. In der vierten Spalte steht der

n	Gitter gerade, unimodular	Codes doppelt-gerade selbstdual	Minimal-abstand	extremale Codes	
8	1	1 $\tilde{C}_7$	4	1	Minkowski, Korkin-Zolotariev
16	2	2	4	2	Witt
24	24	9	4, 8	1 $\tilde{C}_{23}$	Niemeier, B. B. Venkov
32	>80000000	85	4, 8	5 $\tilde{C}_{31}$	Conway-Pless, Koch
40		>17000	4, 8		
48			4, 8, 12	? $\tilde{C}_{47}$	
56			4, 8, 12		
64			4, 8, 12		
72		$\tilde{C}_{71}$	4, 8, 12, 16	?	

Minimalabstand der Codes. Vom Standpunkt der Kodierungstheorie sind nur die Codes mit größtmöglichem Minimalabstand bei fixierter Codelänge n interessant. Hierfür sind obere Schranken bekannt, die in der Tabelle angegeben sind. Codes, die diese Schranke annehmen, heißen extremale Codes. Ihre Anzahl ist in der fünften Spalte angegeben (soweit bekannt). Es ist gegenwärtig unbekannt, ob es einen extremalen Code der Länge 72 gibt. In der sechsten Spalte stehen die Namen der Mathematiker, welche die angegebenen Ergebnisse erzielt haben.

Auf eine Reihe von interessanten Aspekten in Zusammenhang mit Gittern und Codes der betrachteten Art kann hier nicht eingegangen werden. Hierzu gehören die Beziehungen zur Gruppentheorie, insbesondere zur Theorie der endlichen einfachen Gruppen, zur algebraischen Geometrie und Topologie sowie zur Kombinatorik, insbesondere zur Theorie der Block-Schemata. Ich komme vielmehr zu einigen Schlußbemerkungen:

Mein Vortrag mußte sich auf einige Andeutungen beschränken. Trotzdem hoffe ich, deutlich gemacht zu haben, daß in der Kodierungstheorie neueste Gesichtspunkte der Mathematik, insbesondere dessen was man als diskrete Mathematik bezeichnet, zusammentrifft mit Ergebnissen der klassischen Mathematik, die in der Tradition unserer Akademie verankert sind.

Was können die angeführten Ergebnisse der Kodierungstheorie für die Praxis der Information leisten? Sicher keine Rezepte für die günstigsten Codes in der jeweiligen Situation; wohl aber eine Hintergrundstheorie, die zeigt, in welcher Richtung der Praktiker nach neuen Lösungen zu suchen hat. Die Bereitstellung und Bearbeitung von solchen Hintergrundstheorien gehört sicher auch zu den grundlegenden Aufgaben einer Akademie der Wissenschaften.

Literaturverzeichnis

Teil I

P. J. Cameron, J. H. van Lint: Graph theory, coding theory and block designs. Cambridge University Press 1975.

F. J. MacWilliams, N. J. A. Sloane: The theory of error-correcting codes. North-Holland 1977.

J. H. van Lint: Introduction to coding theory. Springer-Verlag 1982.

Teil II

M. A. Tsfasman, S. G. Vladut, Th. Zink: Modular curves, Shimura curves and Goppa codes, better than Varshamov-Gilbert bound. Math. Nachr. 109 (1982) 21–28.

Ş. G. Vladut, Ju. I. Manin: Lineare Codes and Modulkurven. Itogi nauki i techniki, noveišie dostijenija 25 (1984) 209–257 (russisch).

Teil III

J.-P. Serre: Cours d'Arithmetique. Paris 1970.

H. V. Niemeier: Definite quadratische Formen der Dimension 24 und Diskriminante 1. J. Number theory 5 (1973) 142–178.

B. B. Venkov: Zur Klassifikation der ganzzahligen, geraden, unimodularen 24-dimensionalen Formen. Trudy Mat. in-ta AN SSSR 148 (1978) 65–76 (russisch).

N. J. A. Sloane: Self-dual codes and lattices. In: Relations between combinatorics and other parts of mathematics. Proc. of Symp. in pure Math. 34 (1979) 273–308.

J. H. Conway, V. Pless: On the enumeration of self-dual codes. J. of combinatorial Theory, Ser. A 28 (1980) 26–53.

H. Koch: On self-dual, doubly-even codes of length 32. Preprint IMath 32/1984.

H. Koch, unimodular lattices and self-dual codes, Proc. of the International Congress of Mathematics, Berkeley/USA, 1986.

ISBN 3-05-500380-2
ISSN 0138-3965